保护我们的地球
大地与土壤

中国出版集团　现代出版社

图书在版编目（CIP）数据

大地与土壤／田力编著. —北京：现代出版社、2012.12.
（保护我们的地球）（2024.12重印）
ISBN 978-7-5143-0910-2

I. ①大… II. ①田… III. ①土壤环境—环境保护—青年
读物②土壤环境—环境保护—少年读物 IV. ①X21-49

中国版本图书馆 CIP 数据核字（2012）第 274961 号

 保护我们的地球
大地与土壤

作　　者　田　力
责任编辑　刘春荣
出版发行　现代出版社
地　　址　北京市朝阳区安外安华里 504 号
邮政编码　100011
电　　话　(010) 64267325
传　　真　(010) 64245264
电子邮箱　xiandai@cnpitc.com.cn
网　　址　www.modernpress.com.cn
印　　刷　唐山富达印务有限公司
开　　本　700×1000　1/16
印　　张　6
版　　次　2013 年 1 月第 1 版　2024 年 12 月第 4 次印刷
书　　号　ISBN 978-7-5143-0910-2
定　　价　47.00 元

前言 FOREWORD

　　地球是我们人类赖以生存的家园。以人类目前所认知,宇宙中只有我们生存的这颗星球上有生命存在,也只有在地球上,人类才能生存。自古以来,人类就凭借着双手改造着自然。从上古时的大禹治水到今日的三峡工程,人类在为自己的生活环境而不断改造着自然的同时,却又自己制造着环境问题,比如森林过度砍伐、大气污染、水土流失……

　　每个人都希望自己生活在一个舒适的环境中,而地球恰好为人类的生存提供了得天独厚的条件。然而,伴随着社会发展而来的,是各种反常的自然现象:从加利福尼亚的暴风雪到孟加拉平原的大洪水,从席卷地中海沿岸的高温热流到持续多年不肯缓解的非洲高原大面积干旱,再到20世纪的1998年我国洪水肆虐。清水变成了浊浪,静静的流淌变成了怒不可遏的挣扎,孕育变成了肆虐,母亲变成了暴君。地球仿佛在发疟疾似地颤抖,人类竟然也象倒退了一万年似的束手无措。"厄尔尼诺",这个挺新鲜的名词,象幽灵一样在世界徘徊。人类社会在它的缔造者面前,也变得光怪陆离,越来越难以驾驭了。

　　这套丛书的目的就是为了使广大青少年读者能够全面、系统地认识到我们人类已经或即将正对的各种环境污染问题,唤醒我们爱护环境、保护环境的心,让我们从一点一滴的环保行动做起,从这一刻开始,勿以善小而不为,在以后的生活中多一分关注,多一分共同承担,用小行动保护大地球!

目录 CONTENTS

珍贵的土壤

茂 盛的树林、芬芳的鲜花、茁壮的庄稼都是在土壤的哺育下成长的。土壤不仅为植物提供必需的营养和水分,而且也是人类赖以生存的栖息场所。

什么是土壤

土壤是岩石圈表面的疏松表层。土壤包含岩石风化而成的大小不同颗粒（小石子、沙、黏土）、动植物的残留物以及腐殖质、水和空气等。

改变地球面貌的功臣

土壤具有一定的肥力,能为植物生长提供水、空气、养分等扎根立足的条件。它使裸露的地表草木丛生,从而改变了陆地环境及整个地球面貌。

▽ 土壤因物质组成和结构的不同,土壤肥力水平也不一样。

1

土壤中的水

我们都知道植物的生长离不开水,可是植物又没有手脚,那它们是怎样"喝"水的呢?别担心,植物会将根深深地扎进土壤中,吸收里面的水分。

🌿 疏松多孔

土壤是一个疏松多孔体,里面布满了大大小小蜂窝状的孔隙,这些孔隙特别小,你只凭眼睛根本看不到,但它们又确实存在。存在于土壤孔隙中的水分能被植物直接吸收利用,同时,还能溶解和输送土壤养分。

土壤吸收天然降水后,将水分储存起来。

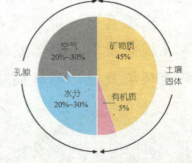

▲ 土壤可分为固体、液体和气体三部分。土壤固体又包括土壤矿物质和土壤有机质。上图为各部分在土壤中所占比例。

植物利用根吸收土壤中的水分。

有用的水

　　水是土壤的重要组成部分。土壤中的水分能直接被植物根系吸收和利用,它的适量增加还有利于土壤中各种矿物质的溶解和移动,这些都能改善植物的营养状况。不仅如此,土壤中的水分还能调节土壤温度,使植物有一个良好的生长环境。

▲ 土壤中的水来源十分广泛,主要来自于雨、雪、灌溉水及地下水。

 ## 只能刚刚好

　　土壤中的水分过多或过少都会影响植物的生长。水分过少时,植物会受干旱的威胁;水分过多会使土壤中的空气流通不畅并使营养物质流失,从而降低土壤肥力。所以,只有适宜的水才能保持土壤处于良好的状态。

◀ 水分适宜禾苗长势较好

3

土壤的流失

在我们脚下的土壤并不是一成不变的,在大自然和人类不合理活动的共同作用下,土壤的流失已经渐渐成为一个越来越严重的问题。

植物的根系可以固定其周围的土壤。

 ## 土壤的流失

土壤在各种自然力的作用下受到破坏的过程称为土壤的流失。比如说,植物的根系能帮助固定土壤。当地表的植被遭到破坏后,就没有什么东西来保护地面,土壤也就被雨水或者大风带走了,这个过程就是土壤的流失。

 ## 水土流失

水力侵蚀造成的土壤流失十分严重。在山区、丘陵区和风沙区,由于不利的自然因素和人类不合理的开发,造成地面的水和土离开原来的位置,流到较低的地方,再经过坡面、沟壑,汇集到江河河道内去,这种现象称为水土流失。

危害重重

土壤被冲进了河流，不仅使人们失去了对种植庄稼非常重要的沃土，也给鱼类和人类带来了问题：鱼儿受苦，因为水变得浑浊；人们的航行也受到影响，因为水中土壤增加导致河道变浅。

我和环保

如果我们到野外游玩，请不要随意取土。因为这种做法不但破坏了原有的植被，而且还带走了表层土壤。土壤会在雨水和风力的冲刷下越来越少，最终造成草场退化，严重的还会引起山地泥石流、滑坡等恶性生态事件，造成严重的后果。

◀ 裸露的土地一经暴雨冲刷，就会使含腐殖质多的表层土壤流失，造成土壤肥力下降。

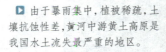

▶ 由于暴雨集中，植被稀疏，土壤抗蚀性差，黄河中游黄土高原是我国水土流失最严重的地区。

来之不易的土壤

科学家研究发现，在自然状态下，要形成1米厚的土壤需要1万年~4万年，也就是说，形成1厘米厚的土壤要100年~400年，而根据测算，目前，我国黄土高原每一年流失的土层就有1厘米厚。

泥石流

突然间，一股浑浊的流体沿着陡峻的山沟前推后拥，奔腾咆哮而下，地面为之震动、山谷犹如雷鸣……这些可怕的现象就是泥石流所带来的。

泥石流

泥石流是一种严重的灾难性地质现象。它是山区沟谷中，由暴雨、冰雪融水等水源激发的，含有大量的泥沙、石块的特殊洪流。如果一座山失去了植被保护，裸露在外的土壤就会被雨水冲刷，最后汇合成一股泥浆，从山顶直冲下来，冲毁建筑和农田。

🔺 泥石流摧毁道路

巨大的灾害

泥石流往往突然暴发，在很短的时间内将大量泥沙、石块冲出沟外，在宽阔的堆积区横冲直撞、漫流堆积，常常给人类的生命财产造成重大危害。

滑坡

滑坡是一种和泥石流不同的灾难性地质灾害,滑坡大多发生在那些结构不稳定的山体上,当山体失去足够的支撑力,就会在重力作用下垮塌,整块山体垮塌时会发出雷鸣般的声音,把山下的建筑和农田埋没。

环保小知识

植树种草,保护植被是防止水土流失的一种有效方法,它不仅可以防止滑坡和泥石流的发生,还可以改善生态环境。

🔺 山体滑坡

 ## 滥伐乱垦带来的苦果

滥伐乱垦导致植被消失、山坡疏松、水土流失加重,结果就很容易产生泥石流。例如甘肃省白龙江中游在1 000多年前还是一个山清水秀的地方,后因人们过度开发利用土地资源,如今成为一个泥石流多发区。

土壤中的有害物质

民以食为天,食品安全本是人们最根本的需求。但曾几何时,餐桌却成了最不安全的地方,而祸根之一便源自土壤中的有害物质。

 进入土壤的有害物质

土壤中的有害物质是指能使土壤遭受污染的物质。大致可分为像汞、镉、铬、铜等重金属污染物和农药污染物两大类。

▶ 长期滥用农药,会使环境中的有害物质大大增加,危害到生态和人类,形成农药污染。

 重金属污染物

重金属在土壤中一般不容易随水流动,也不容易被微生物分解,这就成为土壤中不断积累的污染物。

传播途径

　　土壤中的有害物质通过不同的方式传播，其中食物链是最主要的途径。因为人的食物主要来自植物和动物，而动植物是从自然环境中得到营养才生长而成的。如果这些动植物含有了来自土壤中的有害物质，人吃了就有危险。

人类食物:动物　　　　　　　　　　　　　　　　动物食物:植物

人类食物:植物　　　　　　　　　　　　　　　　植物食物:土壤

痛痛病

　　痛痛病是发生在日本的一种含镉废水污染农田而引起的公害病，患者全身疼痛，日夜呼叫，故名痛痛病。病因主要是含镉的废水污染农田后进入稻米中，居民长期食用含镉很高的稻米引起的。

我和环保

　　在农业生产中，人们在田间经常喷洒化学农药以防治作物病虫害的发生。由于某些农药性质特别稳定，不易分解，一直在土壤中聚集，致使农作物往往会携带微量的农药残留。

土壤破坏和浪费

没有土壤,植物无法生长,人类和其他动物也就丧失了主要的食物来源和生存的基础。面对如此珍贵的自然资源,在我们的生活当中,破坏土壤和浪费土壤的现象却时有发生。

 建筑用料

如今,烧制建筑用料成为一个相当大的产业。伴随着对土壤需求数量的急剧增加,不合理的开采利用将使土壤遭到无法恢复的破坏。

▲ 肆意开采土壤的挖掘机正在工作。

 拒绝闲置

作为人类以及绝大多数动植物赖以栖息、生活、繁衍的场所,土壤是一种多么宝贵的自然资源,因此我们应当严厉拒绝任何一种土地闲置的行为。

▼ 大片土地被闲置的景象

🌍 焚烧秸秆

秋收过后,很多人为了方便直接将剩余的秸秆在农田上焚烧。其实这种做法会破坏土壤结构,造成耕地质量下降。因为焚烧秸秆会使地面温度急剧升高,将土壤中的有益微生物统统烧死。

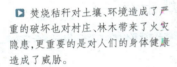

环保随手做

秸秆本身是很好的资源,我们可以将秸秆粉碎盖在田地上,作为下一季庄稼的肥料,也可以把它作为喂养家畜的饲料。

▶ 焚烧秸秆对土壤、环境造成了严重的破坏也对村庄、林木带来了火灾隐患,更重要的是对人们的身体健康造成了威胁。

🌍 垃圾填埋危害大

垃圾在地下腐烂后会产生各种有毒物质,对土壤危害十分严重。土壤被污染后,将会盐碱化、毒化,土壤中的寄生虫、致病菌等病原体能使人致病。渗透也会污染地下水,并最终进入人类的食物链,对人体造成严重伤害。

▼ 垃圾污染土壤

土壤板结

我们知道农作物会从土壤中吸取养料，生产出农产品，如果土壤失去的养料过多，就会变得越来越硬，成为我们所说的土壤板结。土壤板结会使农作物的产量减少，造成饥荒，因此人类对土壤板结十分关注。

▸ 板结严重的土壤

土壤板结

如果土壤缺乏一些养料，它就会变得坚硬，使植物的根难以生长，这就是土壤板结。土壤板结会造成土壤保水能力降低、肥力下降以及发育不良。

多种多样的原因

土壤的酸碱度过大或过小，会引起土壤板结，如下酸雨等；塑料制品没有及时清理，在土壤中无法分解，也会引起土壤的板结；长期单一地施用化肥，腐殖质不能得到及时的补充，同样也会引起土壤板结。

及时松土很重要

松土能疏松土壤，使空气流通，这样土壤可以保持更多水分，对植物根部的呼吸和生长非常有益。

 我和环保

大量的塑料废弃物填埋地下会破坏土壤的通透性，使土壤板结，影响植物的生长。因此，我们在日常生活中要注意不要随意抛弃塑料废弃品。

耕松之后，会使土壤颗粒之间的空隙加大，空气容易进去，从而增强根细胞的呼吸；呼吸作用可以加强蒸腾作用，促进根毛与土壤中矿质元素的交换，这样也就能促进根对矿质元素的吸收，达到使农作物生长良好的目的。

 ## 增加腐殖质

向土壤中增加腐殖质含量，这将有利于土壤中微生物的活动，增加土壤养分供应能力，使植物生长发育良好。

盐碱化

盐碱土是地球陆地上分布广泛的一种土壤类型,约占陆地总面积的 25%。仅我国,盐碱地的面积就有 3 300 多万公顷,大量的土地因此而荒废。如今,这一状况还在面临不断增大的趋势。

 ## 土壤盐碱化

土壤盐碱化是指土壤含盐量太高,而使农作物低产或不能生长的一种土壤状况。

▼ 土壤盐碱化严重的地方,植物很难茁壮生长。

环保小知识

最近,我国科学家从一种盐生植物中成功地克隆出一种耐盐基因,并已导入多种植物。这一发现,将有望使占地球陆地总面积约四分之一的盐碱地变为"绿洲"。

▲ 重盐碱地春季景观

 形成原因

　　盐碱化一般多发生在比较干旱的地区。因为地下水都含有一定的盐分，如果水面接近地面，那么上升到地表的水蒸发后便留下盐分，日积月累，土壤含盐量逐渐增加，形成盐碱土。如是洼地，并且没有排水出路，那么洼地的水分蒸发后，会留下盐分，也形成盐碱地。

 影响深远

　　土地盐碱化会造成土壤板结与肥力下降，这将不利于农作物吸收土壤中的养分，阻碍农作物生长。

▲ 水稻的种植使得盐碱化的土地重获生机。

 种稻

　　种植水稻是我国改良利用盐碱地的一个重要方法。即在插秧前进行泡田洗盐，并通过生长期淹灌和排水换水，冲洗和排走土壤中的盐分，能较快地起到改良盐碱地的作用。

保护我们的地球

沙漠化

沙漠化好像地球上的一个幽灵，从它出现以来，就一直不停地吞噬着肥沃的土地和社会的财富。如今，警钟早已敲响，沙漠化以不断扩大自己的领地的方式向人类正式宣战！

沙漠化

沙漠化是指在干旱和半干旱地区（包括一部分半湿润地区），由于生态平衡遭到破坏，使绿色原野逐步变成类似沙漠的景观，其结果就是产生了沙漠化的土地。

◀ 由于不合理地放牧、樵采和开垦，严重破坏了原有沙地的自然植被，导致沙漠面积不断增加，土壤面积不断减少。

科学家的发现

科学家发现，凡是年降水量在150毫米以下、蒸发量大于降水量的地方，很容易变成沙漠。

 ## 消逝的古文明

地中海沿岸被称为"西方文明的摇篮"，古代埃及、巴比伦和希腊的文明都是在这里产生和发展起来的。但是两三千年来，这个区域不断受到风沙的侵占，有些部分逐渐变成沙漠了。

▲ 尼罗河因为风沙的长时间侵蚀，部分地方已经出现沙漠化。

 ## 楼兰古国

楼兰是中国西部的一个古代小国。在很久以前，那里水草丰美，经济繁荣。然而在今天，它已被黄沙覆盖，一片荒芜，人们只能凭着残垣断壁去想象它昔日的繁华。

警钟敲响

中国是世界上沙漠受害最严重的国家之一。据调查，北方地区沙漠、戈壁、沙漠化土地的面积已达149万平方千米，占国土面积的15.5%，其中沙漠化土地面积为33.4万平方千米。

 危害农业

土地沙漠化对农业危害巨大。每年4月~5月的春播季节，在沙漠化地区，种子和肥料往往被吹走，幼苗被连根拔出，土壤水分散失，禾苗被吹干致死或被掩埋。

 饥荒连连

沙漠化是对土地滋生能力退化，农作物产量下降，可供耕地及牧场面积减少。由于沙漠化导致的水土流失、土地贫瘠，已使不少国家遭致连年饥荒。

▄ 人类不当的经济活动是造成水土流失的主导因素，除沙漠化造成的土壤流失外，毁林开荒、陡坡顺坡开垦、超载过牧、盲目扩大耕地、乱砍滥伐、破坏天然植被都可以造成水土流失。

 堵塞的河流

　　沙漠化造成河流、水库、水渠堵塞。黄河年均输沙 16 亿吨，其中就有 12 亿吨来自沙漠化地区。

◀ 黄土高原严重的水土流失使黄河成为驰名世界的多泥沙河流。

 退化的草场

　　沙漠化引起的草场退化，使适于牲畜食用的优势草种逐渐减少，甚至完全丧失。牧草变得低矮、稀疏，产量明显降低，草场载畜能力大大下降。

▲ 沙漠化草地

▼ 草地不断退化，沙漠不断增加。

殃及交通

　　沙漠化在一些地区造成铁路路基、桥梁、涵洞损坏，使公路路基、路面积沙，迫使公路交通中断，甚至使公路废弃。此外，沙漠化导致的沙尘天气，还影响飞机正常起飞和降落。

 自然因素

　　气候干旱是沙漠化形成的基本条件，而地表形成的松散砂质沉积物则是沙漠化的物质基础，过多的大风是沙漠化的动力，这些都是沙漠化的自然因素。

▲ 土地沙漠化景象

 脆弱的生态环境

　　在我国北方万里风沙线上，每年8级以上的大风日有30天～100天，还时常出现沙暴。因此，水力侵蚀和风力侵蚀是造成土地退化、沙化的主要原因之一。

人为破坏

近半个世纪以来，由于人类过度耕种、过分放牧和狂砍滥伐森林，使土地变得贫瘠，植被遭到破坏，水土流失严重，加剧了沙漠化对人类的威胁。

▲ 人们对森林的乱砍滥伐造成的土地沙漠化。

作怪的利欲心

在经济利益驱使下，人们大肆采挖发菜、甘草、麻黄、肉苁蓉等天然植物资源，从而造成地表植被破坏，地下水被抽干，河流干涸。

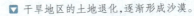

▼ 干旱地区的土地退化，逐渐形成沙漠。

导致贫穷

联合国环境规划署的专家们普遍认为，贫穷与沙漠化之间有着直接的联系。例如，苏丹—撒哈拉地区位于连接东西非洲的干旱地带，一些全球最贫穷的国家就位于这个地带，如马里、尼日尔、苏丹、埃塞俄比亚和索马里等国。

植树造林

要控制沙漠，最有效、最主要的方法就是植树造林。因为沙漠向人类进攻的主要武器是风和沙，大量植树造林，就可以形成一道道防护林，减少风的速度和力量，固定沙丘，起到控制风沙的作用。

🔽 植树造林能够使水土得到保持，有效地控制水土流失和土地沙漠化。

保护草原

"野火烧不尽,春风吹又生"这是说草的生命力非常顽强,生生不息。然而,在草原上放养的羊群往往把草儿的根部都吃得精光,这就对草原生态平衡造成极大的危害。为了防止羊群将草连根拔起,破坏植被,我们应该通过割草圈养牲畜,保留草根和草茬,进而防治土地沙漠化。

🔼 植物有防沙固土的作用,过度放牧或开垦草原,会使土壤因失去植被保护而逐渐荒漠化。

 绿化沙漠的植物

沙漠地区气候干旱、高温、多风沙,土壤含盐量高。植物要有奇异的适应沙漠自然环境的能力,才能生存和生长。因此,发展能够适应沙漠生长的绿化植物十分重要。如沙漠玫瑰、仙人掌、骆驼刺等就是很好的沙生植物。

🔼 沙漠玫瑰

沙尘暴

滚滚的沙尘迷漫在大气中,天地一片昏黄……这是沙尘暴来临时的情景。如今频繁袭来的沙尘暴已使人们深刻体验到风沙的无情以及巨大的危害。

 沙尘暴

沙尘暴是沙暴和尘暴二者的总称,是指强风把地面大量沙尘卷入空中,使空气特别浑浊,水平能见度低于1千米的灾害性天气现象。

◀ 苏丹城受到沙尘暴袭击,滚滚沙尘淹没了整座城市,人们生活受到严重影响。

 形成因素

沙尘暴的形成需要沙尘和足够大的风。原始的沙漠以及人类不合理的活动为沙尘暴提供了沙尘来源。此外,一些如干旱、大风天气等自然原因也促使沙尘暴的形成。

 我和环保

防治沙尘暴最根本的方法是增加地表植被覆盖。因此,我们要大力植树造林,增加植被覆盖面积,从而减少土地沙漠化。另外种植防护林,不仅能够减小风速,还能保护草原。

偏爱干旱

　　沙尘暴作为一种高强度风沙灾害，并不是在所有有风的地方都能发生，只有那些气候干旱、植被稀疏、土地裸露的地区，才有可能发生沙尘暴。

▲ 沙尘暴侵袭城市，交通严重受阻。

 灾害连连

　　沙尘暴所带来的风沙不仅使肥沃的土壤变得贫瘠，还使农作物遭到损害。沙尘暴经过之处，掩埋农田、草场、工矿、铁路、公路及其他设施。此外，大量的粉尘弥漫在空气中，对大气环境和人类健康产生了严重的危害。

 可怕的"黑风"

　　强烈的沙尘暴(瞬时风速每秒大于25米，风力10级以上)可能使地面水平能见度低于50米，破坏力极大，会对各种农业设施造成危害，俗称"黑风"。

▼ 沙尘暴带来的风沙掩埋了道路和农田。

岩石开采

我们在日常生活中的许多地方都会用到石材,这些石头都是从石头山上开采来的。如果过量开采,不仅会破坏山的景观,而且也影响山的稳定,制造无穷的隐患。

岩石开采

自古以来,岩石就是建筑中不可缺少的材料,在今天,我们随处可以见到岩石雕塑和台阶,这些岩石是从哪里来的呢?它们就是采石工人从山中开采来的。

埃及金字塔

闻名世界的埃及金字塔就是用开采得来的岩石修建的。其中,胡夫金字塔动用了上百万块巨石,平均每块石头有2 000多千克重,最大的有10多万千克重。这些巨石是从尼罗河东岸开采出来的,当时既无吊车装卸,也无车辆运送,可以想象,把这些巨石堆砌成形该是一项多么伟大而繁重的工程。

▼埃及金字塔

 破坏土壤

过度开采岩石会使整个土壤的结构和层次受到破坏，导致土壤肥力下降，植物生长较缓慢。植物一旦被破坏，就会从一定程度上改变原有的生态面貌，导致大量物种消失。

◀ 土壤结构示意图。因为岩石处于植物和土壤的最底层，要开采岩石就会破坏植物和土壤，对岩石的大量开采导致了土壤肥力下降，很多植物都被破坏甚至绝迹。

 水土流失

采石活动本身不仅仅需要挖山体，而且还要砍伐树木，剥离表土，就连产生的废土、废石的堆放也要占用一定的空间，这些都可能对植被造成破坏，并造成当地的水土流失，严重时还会造成泥石流。

 环保小知识

你知道吗？在岩石开采过程中会产生一些污染物，这些污染物会随着地表水流入到河流或者渗透到地下水中，从而导致河流和地下水受到污染，使得水质下降。

▶ 岩石开采工人正在开采岩石

地下矿藏

我国地大物博,幅员辽阔,拥有丰富的煤、铁、石油、天然气及珍贵的金属矿藏等地下资源。它们在国家的发展过程中具有重要的作用。

▲ 铅锌矿

金属矿

岩石中有一些可以提取一定量的金属供工业上用,这些就是金属矿。除了金和铜这两种金属可以独立在自然界中存在,其他的大多数金属都是从矿石中提炼出来的。

"金属之王"

黄金是人类较早发现和利用的金属。由于它稀少、特殊和珍贵,自古以来被视为五金之首,有"金属之王"的称号。如今,黄金不仅成为人类物质财富的象征,在金融储备、货币、首饰等领域也占有主要地位。

▶ 黄金饰品

"工业粮食"

　　煤是一种应用很广泛的矿产，既是动力燃料，又是化工和制焦炼铁的原料，素有"工业粮食"之称。它是由一定地质年代生长的繁茂植物，在适宜的环境中，经过漫长的时间形成的。

 我和环保

　　煤、石油、天然气等自然资源都是不可再生资源，面对人类不断地开采利用，如今的储藏量已经越来越少。因此，我们应该对它们进行综合利用，合理开采，避免浪费和破坏。

▶ 挖煤

 石油

　　石油是埋藏在地下呈黑色或褐色的、可以产生能量的油，它是一种不可再生的能源。汽车使用的汽油、柴油，飞机的燃油、煤油等都是从石油中提炼出来的。

◤ 地下石油开采

堆积的矿渣

在采矿的过程中,岩石中总会有一些物质不能被完全利用,这些就是矿渣。矿山旁,往往会堆积着如山的矿渣。它们污染水土,破坏环境,对人们的生活产生了巨大的影响。

矿渣来源

冶炼厂在冶炼矿石的过程中产生的各种废弃物。比如说,炼铁炉中产生的高炉渣、钢渣;有色金属冶炼产生的各种有色金属渣,如铜渣、铅渣、锌渣、镍渣等都是矿渣。

▲ 煤和焦炭经过燃烧所剩余的残渣

矿渣元素

矿渣里面往往含有大量的有害物质,如粉尘、重金属元素以及其他剧毒化学物质。

◀ 工业废矿溶渣倾倒处

 危害严重

如果将矿渣不加处理排放在自然界中,会引起空气污染、水体污染和土壤污染等一系列严重的污染事件发生。这将对人们的生活和植物的生长带来严重的危害后果。比如说,矿渣的粉尘会污染空气。大量矿渣排放到自然水域,会污染水源,阻塞河道,使植被不能生长。

🔺 大量矿渣被倾倒,严重破坏道路。

再利用

大量废弃的矿渣不仅污染环境,而且还造成了资源的浪费。如今,我们可以通过对矿渣的提炼回收来达到再利用。如尾渣可以用来制砖,高炉矿渣可以作为生产水泥的原材料。

环保小知识

你知道吗?矿渣是工业废渣中利用最好的一种。美国高炉矿渣被称为"全能工程骨料",广泛用于筑路、机场、混凝土工程等。

土壤污染

随着人类环保意识的增强，在把越来越多的目光关注到大气和水的污染上来的时候，还有一种破坏性更大和具有不可恢复性的污染更应当引起人类的警惕，这就是土壤污染。

什么是土壤污染

进入土壤中的有毒、有害物质含量超出土壤的自净能力时，土壤的质量就会恶化，从而影响到农作物的生长，降低农作物的产量和质量，并危害到人体健康，这种现象称为土壤污染。

 污染类型

　　土壤污染大致可分为：重金属污染、农药和有机物污染、放射性污染、病原菌污染等多种类型。

 废弃物污染土壤

 多种多样的途径

　　污染物进入土壤的途径是多种多样的：废气中含有的大量污染颗粒物沉降到地面进入土壤；污水灌溉导致大量污染物进入农田；固体废物中的污染物直接进入土壤……此外农药、化肥的大量使用也是土壤污染的来源之一。

 大气污染惹的祸

　　大气中的有害气体主要是工业中排出的有毒废气，它的污染面大，会对土壤造成严重污染。例如，生产磷肥、有色金属的工厂会对附近的土壤造成粉尘污染和重金属污染。

▶ 工业革命带来了工业的快速发展，同时也带来了它的副产品——环境污染，这使人类享受物质财富的同时也面临越来越紧迫的生存危机。

污水灌溉要恰当

生活污水和工业废水中，含有氮、磷、钾等许多植物所需要的养分，所以合理地使用污水灌溉农田会有增产效果。但污水中还含有许多有毒有害的物质，如果污水没有经过必要的处理而直接用于农田灌溉，会造成土壤污染。

▲ 污水排放对土壤的污染极其严重。

 农田"白色污染"

工业废物和城市垃圾是土壤的固体污染物。例如，各种农用塑料薄膜作为大棚、地膜覆盖物被广泛使用，如果管理、回收不善，大量残膜碎片散落田间，会造成农田"白色污染"。这样的固体污染物既不易挥发，也不易被土壤微生物分解，是一种长期滞留土壤的污染物。

▲ 塑料地膜的使用，虽然增加了农业收益，但是如果管理、回收不善，这些塑料地膜将会在土壤中大面积残留，长期积累后会造成土壤板结，影响农作物的产量。

滴滴涕

滴滴涕（DDT）是一种瑞士科学家发明的农药。刚开始，它成了全世界最畅销的农药，因为它的杀虫效果非常好。可好景不长，很多害虫对滴滴涕产生了抗药性，不但害虫越来越多，土壤污染也越来越严重。

▲ 20世纪50年代，人们使用DDT杀虫时的情景。

🌿 **农药污染**

农药是人们用来杀灭和控制有害生物的得力助手，然而大范围的农药使用则会带来不可避免的环境污染。有些农药蒸发后通过降雨落到地面，有些农药会保留在土壤之中，有些则进入到地表水或地下水中……持续的农药使用不仅污染使用地的环境，而且还会污染到远离使用地的地方。

环保小知识

人们从来没有在两极地区用过滴滴涕，可是却在南极的企鹅和北极的白熊身上发现了它们；格陵兰岛上的爱斯基摩人根本不知道滴滴涕是何物，谁知道滴滴涕竟也偷偷地钻进了他们的身体里。

🔽 喷洒农药

土壤污染的危害

土壤是地球上大多数生物生长、发育和繁衍栖息的场所，更是人类生存和发展的基础。如果土壤受到了污染，带来的危害和损失将无法估算。

最直接的经济损失

对于各种土壤污染造成的经济损失，目前尚难以估计。仅以土壤重金属污染为例，全国每年就因重金属污染而减产粮食1 000多万吨，另外被重金属污染的粮食每年也多达1 200万吨，合计经济损失至少200亿元。

◁ 由于各种污染对土壤的破坏，导致大量树木无法正常生长，森林面积不断减少。

对植物的影响

当土壤中的污染物超过植物的承受限度时，会引起植物的吸收和代谢失调，影响植物的生长发育，引起植物变异。对于农业生产来讲，会使农作物减产，农产品质量下降。

▲ 土壤中的污染物超标，导致蔬菜产量明显下降。

危害人体健康

土壤污染会使污染物在农作物的体内积累，并通过食物链富集到人体和动物体中，危害人畜健康，引发癌症和其他疾病。

◀ 土壤中的污染物被植物所吸收，家畜食用了含有污染物的植物后体内会产生病菌，人类食用了染病的家畜后就会对自身的健康造成严重影响。

 环保小知识

污水灌溉等废弃物对农田会造成大面积的土壤污染。如我国辽宁省沈阳张士灌区用污水灌溉 20 多年后，污染耕地 2 500 多公顷，导致土壤和稻米中重金属镉含量超标，人畜不能食用。

其他环境问题

土地受到污染后，含重金属浓度较高的表层土壤容易在风力和水力的作用下分别进入到大气和水体中，导致大气污染、地表水污染、地下水污染和生态系统退化等生态环境问题。

石油污染

伴随着石油及石油产品在现代社会越来越重要的作用，石油污染给人们带来的影响也逐渐深远。如今，石油对海洋的污染，已成为世界性的严重问题。

石油

石油又称原油，是从地下深处开采的棕黑色可燃黏液体。我们平时的日常生活中到处都可以见到石油或其附属品的身影。比如汽油、柴油、煤油、润滑油、沥青……这些都是从石油中提炼出来的。

环保小知识

1989年9月，装载近19万立方米原油的"埃克森·瓦尔迪兹"号油轮，在美国阿拉斯加瓦尔迪兹以南的威廉王子海峡触礁，大约4万立方米原油泄入海中，导致300万只海鸟死亡。

◀ 海上石油开采。石油污染对海洋环境的影响有：破坏海洋生态环境；危害渔业生产；破坏海滨娱乐场所；使整个海岸环境退化。

对土壤的污染

地下油罐和输油管一旦泄露会严重污染土壤和地下水源，造成土壤盐碱化、毒化，致使土壤成分破坏和废毁。不仅如此，石油里的有毒物能通过农作物进入食物链系统，最终危害人类。

 ## 其他环境问题

土地受到污染后，含重金属浓度较高的表层土壤容易在风力和水力的作用下分别进入到大气和水体中，导致大气污染、地表水污染、地下水污染和生态系统退化等生态环境问题。

▲ 在石油开采、储运、炼制及使用过程中发生的石油泄露及溢出，给土壤环境造成了严重的污染，不仅破坏了土壤的结构，还对土壤生态系统产生了严重的危害。

 ## 你知道吗

研究表明，汽油、柴油、煤油中的有毒有害物质对人的神经系统、泌尿系统、呼吸系统、循环系统、血液系统等都有危害。

 ## 对海洋造成的污染

石油污染以对海洋的污染最为严重。水面上覆盖的大量油膜，经常引发火灾、阻塞水上交通并造成水鸟、鱼类和滩涂贝类的大量死亡。

▲ 运输过程中，石油泄露对海洋造成了严重的污染。

放射性污染

自从人类进入核时代以来，小小的原子核如同一个不断释放出宝物的魔瓶，人类拥有了提供巨大能量的核电站、可以杀灭肿瘤的核仪器、可以探测太空的核飞船……但是，核废料所产生的放射性污染也从此接连不断。

 放射性污染

放射性污染主要指人工辐射源造成的污染，如核武器试验时产生的放射性物质，生产和使用放射性物质的企业排出的核废料。

我和环保

烟叶中含有一些放射性物质，一个每天吸一包半香烟的人，其肺脏一年所接受的放射物量相当于他接受 300 次胸部 X 射线照射。因此，珍爱生命，远离香烟。

 对土壤的污染

放射性物质可以通过多种途径污染土壤。如放射性废水排放到地面上、放射性固体废物埋藏到地下、核企业发生的放射性排放事故等，都会造成局部地区土壤的严重污染。

 切尔诺贝利事件后空无一人的游乐场。

漫长的伤害

核废料是核物质在核反应堆内燃烧后余留下来的核灰烬，具有极强烈的放射性，而且其半衰期长达数千年、数万年甚至几十万年。也就是说，在几十万年后，这些核废料还可能伤害人类和环境。

1 核原料开采
4 核废料处理加工再使用
3 核废料集中存放
2 核能反应产生核废料

🔼 核废料的循环使用图。大部分核废料可以重新利用，还有少部分必须集中存放，以防止对土壤造成污染。

"死亡地带"

1986年，苏联的切尔诺贝利核电站发生严重泄漏及爆炸事故，上万人受放射性物质影响致残或重病，周围30千米范围内寸草不生，被人们称为"死亡地带"。

🔽 切尔诺贝利核电站所释放的核燃料污染

城市污染

　　如今，城市的天空渐渐变得灰暗，城市里的水不再甘甜，城市人的身体正日益变得脆弱……被誉为现代文明的城市，看似繁华生机的表面下却掩盖着重重的危机。

城市污染

　　城市污染是指城市居民活动所引起的城市环境质量下降，最终有害于人类自身和其他生物的现象。

对空气的污染

　　城市里各类工矿企业排放的废气、汽车排放的尾气、城市居民燃烧煤炭等化学燃料产生的烟气，以及烧荒和森林失火等都会造成空气污染。

◀ 汽车排放的尾气污染物与煤烟污染物混为一体，交互作用，对城市环境造成极大危害。

对水的污染

　　水污染的污染源主要来自工业废水和生活污水。由工厂排放出来的工业废水中，含有许多工业废料和废渣，这些都是污染物质，它们会使水质发生改变，变得又黑又臭，无法饮用。

 很多工厂直接将工业污水排放在附近的河流里，对环境造成严重污染。

我和环保

　　你知道吗？用淘米水先菜，再用清水清洗，不仅节约了水，还有效地清除了蔬菜上的残存农药。不仅如此，用淘米水浇花还能促进花儿生长呢！

 ## 对土壤的污染

　　垃圾中往往含有大量的煤灰、砖瓦碎块、玻璃、塑料、金属等，含这些成分的垃圾长期施用农田，可逐步破坏土壤的结构，造成土壤肥力下降，农作物减产。

生活垃圾

说到"垃圾",人人都不陌生。在日常生活过程中,人们会制造出许多垃圾。随着工业的飞速发展和人类生活水平的不断提高,如今,它已经成为威胁人类身体健康的隐形杀手。

▶ 塑料垃圾

 生活垃圾何处来

生活垃圾是指人们在日常生活中产生的固体废物。比如说,剩菜剩饭、旧电池、塑料袋等都是生活垃圾。

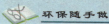 **环保随手做**

无论是城市、乡村还是旅游景点,如果垃圾随处可见,就会使城市容貌受损。无论我们身处何处,请记得:不要随手丢弃垃圾!

 数量惊人

据统计,全世界的生活垃圾每年增加 5% 左右。据有关资料显示,上海市区每天产生的生活垃圾要达 1 000 多万千克,如果用载重 4 000 千克的卡车装载,首尾相接可排 18 千米长。7 天的生活垃圾,其体积相当于 24 层楼高的国际饭店。

大量占用土地

在城乡接合部的道路两侧，常常会见到成堆成片的垃圾，这些垃圾占用了大量的宝贵土地。据资料介绍，目前我国约有2/3的城市处于垃圾的包围之中，所占的土地十分惊人。

▲ 城市被生活垃圾所占据

 ## 危害严重

许多垃圾堆积在一起，不仅占用很多土地，而且会产生一些有毒有害的物质，发出阵阵的臭味，污染空气、水源。同时，滋生蚊、蝇、蟑螂、老鼠 传播疾病，对人们的健康危害极大。

▽ 水源地遭到垃圾污染

建筑垃圾

美国旧金山南郊,一个巨大却没有窗户的长方形"神秘"建筑也许会引起路人的注意,难以想到的是,这居然是一座垃圾回收处理厂,回收的不是玻璃瓶、易拉罐、废报纸等废品,而是被认为几乎无法再利用的建筑垃圾。

建筑垃圾

简单来讲,建筑垃圾就是建筑施工单位在施工过程中产生的工程废渣、拆迁废物、各类装修垃圾等废弃物。这些废弃物包括废砖、废料及其他废弃物,一般都会占用大量空间,造成诸多不便。

 建筑垃圾倾倒在田地上,对农作物生长产生极大影响。

处理困难

由于建筑垃圾一般都含有沙、石、混凝土等材料,因此很笨重,搬运比较困难,处理起来也不容易,掩埋不行,更无法焚烧,最好的处理方法就是再利用。

铺地、做地基

建筑垃圾中有些废物可以用来铺设坑洼不平的路面，也可以用来做地基。这样不仅节省了新建筑材料，而且解决了建筑垃圾处理困难的问题。

 环保小知识

人们可以利用建筑垃圾中比较完好的废砖来砌墙，建造新的房子。房子建成后，外层会覆盖一层水泥或者别的材料，根本看不出是用废砖建造的。

 堆山公园

假山一般都是用一些奇形怪状的石头堆砌而成的，同样，建筑垃圾也可以通过巧妙的组合，用水泥或者混凝土粘合成假山。在我国天津市有一个堆山公园，主要就是以建筑垃圾为材料建造的，这样既减少了数量庞大的、难以处理的建筑垃圾，又节约了成本。

利用建筑垃圾砌成的公园假山。

电子垃圾

随着各种电器更新换代，一些报废的家用电器、电脑、手机等电子垃圾也越来越多，它们大多含有对人身体有害的物质。如何处理这些垃圾，成为一个棘手的问题。

电子垃圾

电子垃圾是一个比较笼统的说法，现在还没有明确技术标准来界定，一般是指已经废弃或者不能再使用的电子产品。当这些电子垃圾数量越来越多的时候，它们的危害就显现出来了。

▲ 很多的电子产品都会造成环境污染。

电子垃圾的种类

电子垃圾种类非常繁杂，而且在生活中处处可见，比如报废的电视机、淘汰的旧电脑、旧冰箱、微波炉及废弃的手机等。这些电子垃圾虽然在材质上不尽相同，但一般都含有铅、汞、聚氯乙烯塑料等有害物质。

发展迅猛

电子垃圾已成为困扰全球环境的大问题。特别是在发达国家,由于电子产品更新换代速度非常快,电子垃圾产生的速度也快得惊人。从 2002 年起,我国也进入了电子产品的报废高峰期,电子垃圾产生量增长得十分迅猛。

▲ 随着电子产品的不断更新,电子垃圾也随之增加。

电子垃圾的危害

如果处理不当,电子垃圾就会对人和环境造成严重危害。例如,其中含有的铅能破坏人的神经、血液系统和肾脏,汞能造成大脑中毒等。如果将其随意丢弃或掩埋,大量有害物质渗入地下,会严重污染土壤和地下水;如果进行焚烧,会释放大量有毒气体,污染空气。

◀ 废旧电子产品被长期丢弃在地上,会对土壤造成严重污染。

处理困难

电子垃圾正规的处理方法是用专门的焚烧炉进行焚毁。然而，由于人们对电子垃圾的危机意识程度不够，处理设备投资较大，以及一些其他因素的制约，电子垃圾处理起来困难重重。

▲ 固体垃圾焚烧

 发达国家为"出口国"

由于发达国家的环保法令日益严厉，这些国家每年产生的数量庞大的电子垃圾，往往被以"商品"的形式"出口"到亚洲、非洲境内一些欠发达国家和地区。

 环保小知识

随着电脑的日益普及，它也渐渐成为了新的公害。你知道吗？一台电脑中含有超过 1000 种材料，其中 50% 以上的材料是剧毒的，对人体有害。

不可估量的财富

事实上,电子垃圾中含有很多可回收再利用的有色金属、黑色金属、玻璃等物质。可以说,电子垃圾中蕴藏着重大商机,如果将里面的金、银、铜、锡、铬、铂、钯等贵金属"拆"出来,将是一笔不可估量的财富。

▲ 金属垃圾收购站

 旧手机=金矿石

如果处理不当,电子垃圾就会对人和环境造成严重危害。例如,电子垃圾中蕴含着众多的贵金属,其品位是天然矿石的几十倍甚至几百倍。比如说,1吨旧手机废电池,可以从中提炼100克黄金,而普通的金矿石,每吨只能提取几十克。可以说,旧手机是一种品位相当高的金矿石。

▲ 废弃的手机

医疗废弃物

医疗废弃物,也就是医疗垃圾,是指医疗过程中产生的废物,通常是在医疗预防、保健以及其他相关活动中产生,对人们的生活安全具有很大的危害性。

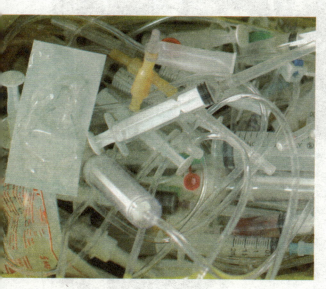

◀ 各种医疗垃圾

一次性医疗用品

为了保持干净卫生,许多医疗物品都只能使用一次,比如一次性针管,一次性输液管,这些物品成为医疗垃圾中的主力军。

病菌聚集地

医疗垃圾所含的病菌是普通生活垃圾的几十倍甚至上千倍。将使用过的一次性医疗器械二次使用,等于把各种病菌直接注入病人的身体里,病人有可能感染上各种疾病。

△ 一次性医疗器械虽然有效防止了病人间的交叉感染,但同时也造成了医疗垃圾的泛滥。

 ## 医疗垃圾的危害

对于这些医疗垃圾,如果不加强管理、随意丢弃,任由它们混入生活垃圾、流散到人们的生活环境中,就会污染大气、水源、土地以及动植物,传播疾病,严重危害人们的生命健康。

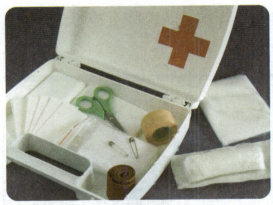

△ 医药箱

 我和环保

小朋友们一定要注意:用过的一次性针管、药水瓶子、棉签……这些常见的医疗废弃物千万不能拿来玩,因为上面有许多细菌。

 ## 严格处理

医疗垃圾很危险,必须严格处理。当今已有多种技术可用于处理医疗垃圾,其中高温焚烧处理就能达到医疗垃圾无害化处理的环保要求。

△ 医疗废物燃烧炉

重金属污染

重金属是指铜、铁、锌等金属。其中有一部分是人类生命活动所必须的微量元素，但是大部分重金属如汞、铅、镉等并非生命活动所必须，而且所有重金属超过一定浓度都对人体有毒。

 铅

铅是重金属污染中毒性较大的一种，一旦进入人体很难排除。它直接伤害人的脑细胞，会造成智力低下、痴呆、脑死亡等恶性疾病。

🔺 含铅食物主要有爆米花、松花蛋等。由于爆米花在制作过程中，机罐受高压加热后，罐盖内层软铅垫表面的一部分铅会变成气态铅。皮蛋在制作过程中，其原料中含有氧化铅和铅盐，铅具有极强的穿透力，因此多吃皮蛋会影响智力。

镉

长期食用受镉污染的水和食物，可导致骨痛病，镉进入人体后，引起骨质软化骨骼变形，严重时形成自然骨折，以致死亡。

水银

　　汞也称水银，是我们常用的温度计里显示多少度的银白色金属，它是一种剧毒的重金属。对人的大脑、神经、视力破坏极大。

▲ 水银体温计

 无处不在的重金属

　　只要留心观察，你就会发现我们日常生活中的重金属无处不在。比如房间的墙壁、家具上的油漆就含有铅；照明用的荧光灯、装饰用的霓虹灯内部都含有重金属汞；还有我们使用的电池，含有锰、镉；汽车尾气含有铅、镉……

▲ 装修房屋中使用的油漆可能含有重金属元素。

 难以恢复

　　土壤一旦遭受重金属污染就很难恢复。这些重金属元素在过量情况下有很大的毒性，可以通过食物链给人体健康带来威胁。

 水是生命的源泉，如果没有水，生命就不会存在。

漫长的潜伏

重金属可以通过食物、饮水、呼吸等多种途径进入人体，从而对人体健康产生不利的影响，有些重金属对人体的积累性危害影响往往需要一二十年才显示出来。

水体重金属污染

水体重金属污染的主要来源为工业废水，包括采矿、选矿、冶金、电镀、化工、制革和造纸工业。

 直接排放到河流中的工业废水，不仅污染了水源，而且对土壤也造成了严重的损害。

水俣病

随废水排出的重金属，在海底的藻类和底泥中积累，鱼类和贝类吸附后再被人吃掉，从而造成公害。如日本的水俣病，因为工厂排放的污水中含有汞，这里的居民长期食用含汞的海产品，自然就成为汞中毒的受害者。

 日本水俣病受害者

隐形杀手

重金属污染是威胁人类身体健康的隐形杀手，人类如果忽视对重金属污染的控制，最终将吞下自酿的苦果。虽然生活中不会每天爆出震惊世界的"痛痛病"、"水俣病"新闻，但是伤害却时时发生，潜在杀手让我们的生活危机四伏。

 ## 人人有责

爱护环境从身边做起，一方面先留意自己身边的"重型杀手"，避免伤害；另一方面，爱护共同的家园，不要亲手炮制"杀手"，对于消除生活中的重金属污染，我们人人有责！

▲ 在每年的地球日，世界各地的人们都以不同的方式来表达对环境保护的重视。

电池

电池的种类很多,常用的电池有干电池、蓄电池,以及体积小的微型电池。如今,电池在人们的日常生活中发挥着愈来愈重要的作用。与此同时,废电池所带来的危害也令人不可忽视。

 ## 小电池 大用处

不管是早上叫你起床的小闹钟,还是让你爱不释手的电子玩具,小小的电池在我们的生活中扮演着不可缺少的重要角色。如今,电池还在国防、科研、电讯、航海、航空、医疗等高科技产业发挥着越来越重要的作用,成为国民经济发展中的赫赫功臣。

缉拿 "真凶"

我们日常生活中使用最多的是锌锰电池及锌汞电池,而使电池造成污染的主要重金属元素是:汞和镉。

◀ 各种不同用途的电池

惊人的数据

据科学家测定：一粒纽扣电池所产生的有害物质，可污染6万千克水，相当于一个人一生的饮水量；一节烂在地里的1号电池能使1平方米土地失去利用价值，并造成永久性公害。

▲ 纽扣电池

▲ 废旧电池对土壤的污染非常大。

可怕的污染

我国是电池生产消费大国，电池的年产量高达423亿节，消费约182亿节，约占世界总量的1/3。以全国13亿人口计算，假设每年每人用6节电池，那么这些电池可以污染4680亿立方米的水。

▲ 干电池

环保小知识

废电池每回收1000克金属，其中就有82克汞、88克镉，可以说，回收处置废电池不仅处理了污染源，而且也实现了资源的回收再利用。

专门回收

如果电池里的电用完了，你会怎么做呢？随手丢弃，这个最要不得！随手丢掉的电池会对土壤造成重金属污染。其实，废电池要进行专门回收。

噌声污染

噌声破坏了自然界原有的宁静,损伤人们的听力,损害人们的健康,影响人们的生活和工作。如今,噌声已成为仅次于大气污染和水污染的第三大公害。

噌声

凡是妨碍到人们正常休息、学习和工作的声音,以及对人们要听的声音产生干扰的声音,都属于噌声。比如,在寂静的考场中,再动听的音乐也是噌声;在你看电视的时候,他人的谈话就是噌声;在你与他人谈话的时候,电视声也就变成噌声了。

噌声的等级	后　果
0-20 分贝	感觉很安静
20-40 分贝	安静
超过 45 分贝	干扰人的睡眠
80 分贝	使人感到吵闹、烦躁
超过 90 分贝	影响人的健康
100 分贝	会影响人的听力
120 分贝	可以使人暂时耳聋
140 分贝以上	会使人变成聋子,甚至可能突然发生脑溢血或心脏停止跳动

污染来源

当噌声对人及周围环境造成不良影响时,就形成噌声污染。噌声污染的来源十分广泛。

交通噪声

交通噪声是指机动车辆、船舶、地铁、火车、飞机等的噪声。由于机动车辆数目的迅速增加，使得交通噪声成为城市的主要噪声源。

▲ 汽车产生的噪音。

 工业噪声

工业噪声是指工厂的各种设备产生的噪声，它对工人及周围居民的生活影响较大。因此，大型工厂一般建在远离居民区的地方。

▽ 工业噪音较大的生产企业普遍选择把工厂建立在远离城市的郊外，以避免噪声污染对城市居民生活的影响。

看不见的"杀手"

噪声是生活中潜在的"杀手",它不仅影响人的神经系统,使人急躁、易怒,还损害听力。有检测表明:当人连续听摩托车声,8小时以后听力就会受损;若是在摇滚音乐厅,半小时后,人的听力就会受损。

▲ 摇滚音乐发出的噪音

 ## 建筑噪声

建筑噪声来源于建筑工地上机械所发出的声音。建筑噪声不仅强度大,还多发生在人口密集地区,因此严重影响周围居民的休息与生活。

▼ 城市中建筑所带来的噪音

 **社会噪声**

社会噪声和人们的日常生活联系密切，它包括人们的社会活动和家用电器、音响设备发出的噪声。尽管这些噪声强度不大，但如果我们想要休息的时候却得不到安静，糟糕的心情可想而知。

 环保随手做

当我们在家里看电视或听音乐的时候，一定要注意把音量控制在适当的范围内，这样才不会对别人造成干扰。营造安静和谐的生活氛围，是我们每个公民应尽的义务。

▲ 音响所产生的噪音对人们的身体健康危害很大。

◀ 噪音分贝仪

 分贝

噪声的测量单位是分贝，零分贝是可听见音的最低强度。

▼ 噪音污染令人头疼

 对人心理的影响

噪声超过50分贝，人就难以入睡；噪声超过70分贝，人就不能正常工作；噪声超过90分贝，人的听力将受到损伤。

光污染

盏盏闪亮的街灯，宛如一颗颗璀璨的钻石把这个城市打扮得分外美丽。然而，就在夜景灯把城市变美的同时也给城市带来了严重的光污染。

光源

能够发出光的物体就被称为光源，比如太阳就是光源，各种人造的灯也是光源。

▲ 现代城市的夜晚因为霓虹灯的装饰而显得格外美丽，但是正是这种人造灯源污染了我们的生活环境。

"消失"的星星

你可曾抬头仰望夜空，是否发现往日里遍布苍穹的繁星早已失去了踪影。是的，在远离城市的郊外夜空，可以看到2 000多颗星星，而在大城市却只能看到几十颗。而据最新的调查研究显示，夜晚的华灯造成的光污染已使世界上 1/5 的人对银河系"视而不见"。

光污染分类

在国际上一般将光污染分成三类,即白亮污染、人工白昼和彩光污染。

▶ 紫光灯

🔺 照射到反射镜上的光会以一定的路径反射回来,建筑物外面的大片玻璃、白色瓷砖等对阳光的反射也是这个原理。

白亮污染

城市里,许多建筑物为了美观,会在建筑物外面铺上大片的玻璃、白色瓷砖、磨光的大理石和涂料,这些东西会把照射到建筑物上的阳光反射到其他的地方,使这个地方的阳光过多,造成光污染。

可怕的后果

专家研究发现,长时间在白色光亮污染环境下工作和生活的人,眼睛都会受到程度不同的损害,视力急剧下降。不仅如此,它还会使人头昏心烦,发生失眠、食欲下降、情绪低落、身体乏力等类似神经衰弱的症状。

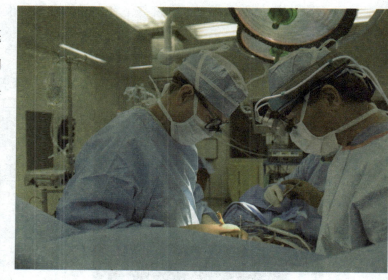

🔺 手术室的灯光也会产生光污染

 一些在夜间迁徙的鸟儿常常会被霓虹灯所迷惑,它们或是绕着灯光飞行直到精疲力尽,或是直接撞到建筑物上。

人工白昼

夜幕降临后,商场、酒店外墙的广告灯、霓虹灯闪烁夺目,令人眼花缭乱。有些强光束甚至直冲云霄,使得夜晚如同白天一样,即所谓人工白昼。在这样的"不夜城"里,人们夜晚难以入睡,导致白天工作效率低下。

你知道吗

人工白昼还会伤害鸟类和昆虫,强光可能破坏昆虫在夜间的正常繁殖过程,也会使鸟儿的生物钟发生混乱。

 城市里许多建筑物喜欢用霓虹灯作装饰,这样不但会造成灯光污染,还极易形成温室效应。

彩光污染

舞厅、夜总会安装的黑光灯、旋转灯、荧光灯以及闪烁的彩色光源构成了彩光污染。据测定，黑光灯所产生的紫外线强度大大高于太阳光中的紫外线，对人体危害严重。人如果长期接受这种照射，可诱发流鼻血、脱牙、白内障，甚至导致白血病和其他癌变。

▶ 绚丽的舞台灯光是用滤光镜制造出来的。

光污染的危害

我们的眼睛是接受光的器官，光污染会对我们的眼睛造成伤害，有一些强光会使人的眼睛短暂失明。不仅如此，光污染还会对周围的环境造成危害。

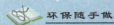
环保随手做

无论是城市、乡村还是旅游景点，如果你要离开房间，请不要忘记关上电灯。一是节约能源，二是防止给别人带来光污染。

▶ 眩目的车灯为交通事故埋下了隐患。

电磁波

随着科学技术的飞速发展,人类走进了电子技术的新时代。今日的天空,已充满了各种人为或自然的,频率不同、功率不同、包含信息各异的电磁波。

素未谋面的"朋友"

从科学的角度来说,电磁波是能量的一种,凡是能够释放出能量的物体都会释放出电磁波。正像人们一直生活在空气中而眼睛却看不见空气一样,人们也看不见无处不在的电磁波。电磁波就是这样一位人类素未谋面的"朋友"。

赫兹的发现

虽然,麦克斯韦预言了电磁波的存在,但是他本人并没有能够用实验证实,直到1887年赫兹在著名的"电火花试验"中证明了电磁波的存在。

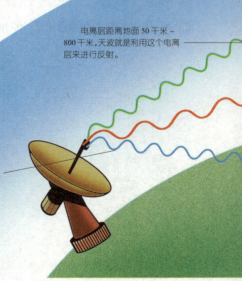

电离层距离地面 50 千米～800 千米,天波就是利用这个电离层来进行反射。

地波是在地球表面传播的电磁波,它根据波长又分为中波、长波和短波。

电磁波

　　在没有任何媒质的情况下，所有电磁波的速度是相同的。而一旦有媒质，电磁波的传播速度就有所不同。无线电波、红外线、可见光、紫外线、X射线都是电磁波。

环保小知识

　　生活环境中充满了电磁波，只要是使用电的电器用品，都会放出电磁波。墙壁中看不见的电线，也会使电磁波检测笔哗哗作响。

电磁波的应用

　　电磁波的应用范围非常广泛，无线电广播、电视、通信都是利用电磁波来工作的。我们家中的微波炉利用的是微波，紫外线用于医用消毒、验证假钞、测量距离，X射线用于CT照相等。

▼ 不同频率通信电波的传播方式

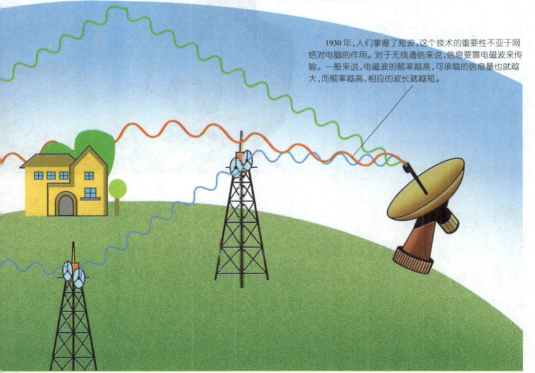

　　1930年，人们掌握了短波，这个技术的重要性不亚于网络对电脑的作用。对于无线通信来说，信息要靠电磁波来传输。一般来说，电磁波的频率越高，可承载的信息量也就越大，而频率越高，相应的波长就越短。

电磁污染

随着人们生活水平的日益提高,电视、电脑、微波炉、电热毯、电冰箱等家用电器越来越普及,电磁波辐射对人体的伤害也越来越严重。

 "电脑杀人"案

1989 年,前苏联曾发生过一起震惊世界棋坛的电脑杀人案。国际象棋大师尼古拉·古德科夫与一台超级电脑对弈,在连胜三局后,突然被电脑释放的强大电流击毙,令世人为之震惊。

▲ 人们利用电脑工作

 迷雾重重

警方最初怀疑是电脑短路导致的漏电,但后来证实电脑本身完好无损;此时也排除了电脑程序人员故意在软件中设计了放电杀人的程序。最终,调查人员得出结论:电脑是在连败三局以后,恼羞成怒,便自行改变输往棋盘的电流,将对手杀死。显然,这种说法是荒诞可笑的。

真相大白

后来，人们经过多年的调查才使真相大白：杀害古德科夫的罪魁祸首是外来的电磁波。由于电磁波干扰了电脑中已经编好的程序，从而导致超级电脑动作失误而突然放出强电流，酿成了骇人听闻的悲剧。

▲ 电生磁实验。麦可斯韦的电磁理论认为：变化的电场产生磁场，变化的磁场产生电场，在电场与磁场不断相互作用下造成了电磁波的传播，凡而形成电磁波干扰电脑中的程序造成电脑失控。

 "电子雾"

据测试，电脑、电子游戏机等电子电器设备在使用过程中，会发出不同波长和频率的电磁波。这些电磁波充斥在空间，形成了一种被称为"电子雾"的污染源，它看不见、摸不着、闻不到，因而很容易被忽视，但已确确实实存在并对我们的生活造成了影响。

▶ 在游戏厅和网吧这种电子设备众多的场所，很容易形成"电子雾"。

电磁污染

电磁污染是指天然的或者人为的各种电磁波的干扰及有害的电磁辐射。它包括天然电磁污染和人为电磁污染两种来源。

▶ 电磁炉已经成为我们日常生活中的必用品，来自它的电磁辐射，由于波长短、频率高、能量大、生物学作用强，因而能影响人体神经、内分泌、心血管、血液、生殖、免疫及视力。

 ## 天然电磁污染

天然的电磁污染是某些自然现象引起的，如火山喷发、地震和太阳黑子活动等，其中最常见的是雷电。它们对短波通信的干扰极为严重，可造成电视不清晰、手机信号差等。

▲ 雷电带来的电磁现象属于天然的电磁污染

人为电磁污染

人为电磁污染是指电脑、手机、微波炉、冰箱、电视等各类电器在工作过程中，发射出功率相对较小的无线电频率，可能会带来不同程度的电磁辐射污染，影响人体健康。

 人们用各种家电装扮生活的同时，也将自身置入了电磁辐射的包围之中。

 打手机也会造成电磁污染

我和环保

电磁波这么可怕，我们该怎么预防呢？首先，在我们使用电器时要保持适当的距离，因为距离越远，电磁波强度越弱；当我们不用电器时，要拔掉电器的插头，这样也可以减少电磁波。

可怕的危害

各国科学家经过长期研究证明：长期接受电磁辐射会造成人体免疫力下降、新陈代谢紊乱、记忆力减退、提前衰老、心率失常、视力下降、听力下降、血压异常、皮肤长斑，甚至导致各类癌症等。

一定要注意

为了防范电磁波对人体的伤害，电冰箱不宜放在卧室内；在微波炉工作时一定要将微波炉门关紧密；此外，还要注意不要将电器集中摆放。

塑料

随着经济的发展,塑料及塑料制品越来越广泛地被用到人们生产和生活的各个方面。

什么是塑料

我们通常所用的塑料并不仅仅是一种物质,它是由许多材料配制而成的,合成树脂是塑料的主要成分。

◀ 塑料产品在给我们生活带来方便的同时,也给我们的生活环境带来严重的污染。

▲ "塑料之父"列奥·亨德里克·贝克兰

"塑料之父"

1907 年 7 月 14 日,美籍比利时人列奥·亨德里克·贝克兰注册了酚醛塑料的专利,被誉为"塑料之父"。

独特的优点

塑料具有重量轻、成本低、坚固耐磨的特点，而且容易加工成人们所需要的样子，这使得它在人们的生活中得到普遍的应用。

▲ 生活中随处可见的塑料用品

 环保随手做

生活中，我们应该尽量避免使用一次性塑料制品，这样不仅有利于减少垃圾来源，也有利于环境保护。

寻找塑料制品

不管是"身材娇小"的牙刷，还是"体格庞大"的洗衣机，塑料已经遍布我们生活中的每一个角落。仔细观察一下你的周围，看看除了拖鞋、雨衣、玩具、肥皂盒，还有哪些东西是用塑料制成的。

▲ 塑料制品轻巧、方便、美观，深受人们的青睐。

▲ 各种各样的塑料玩具

白色污染

　　伴随人们生活节奏的加快，一次性塑料制品在人们的日常生活中占据了重要地位。这些使用方便、价格低廉的塑料制品给人们的生活带来了诸多便利。但另一方面，塑料制品在使用后往往被随手丢弃，造成令人头疼的"白色污染"。

 触目惊心的"白色垃圾"

"白色污染"

　　废弃的塑料制品扔在自然界中会引起环境污染，因为塑料制品大部分是白色的，所以这种污染被叫做"白色污染"。

视觉污染

　　生活中，白色垃圾给人们带来了严重的视觉污染。马路上，塑料袋随风乱飘；美丽的风景区里，角角落落遍布着塑料瓶；原本清澈的小河、湖泊上漂浮着一个个快餐盒……看到这一切，你的心情会如何？

"人类最糟糕的发明"

　　废弃的塑料袋是一种很难处理的生活垃圾，有些塑料自然腐烂需要 200 年以上的时间。采用埋掉处理的方式，不仅占用土地，破坏土壤结构，还会污染地下水；烧掉处理，会产生有害气体，损害人体健康。难怪英国《卫报》曾把塑料袋评为"人类最糟糕的发明"。

 塑料袋、塑料饭盒等是环境污染的罪魁祸首。

 "世纪之毒"

　　塑料焚烧时会产生有毒气体——二噁英，它的毒性是砒霜的 900 倍，有"世纪之毒"之称。

我和环保

　　2008 年 6 月 1 日，我国颁布了禁止商家向消费者免费提供塑料购物袋的"限塑令"。以后我们外出购物时，请自己带购物袋或者塑料袋。保护环境，从我做起。

露天焚烧垃圾会造成二次污染。

生活中的垃圾分类

我们见过给交通工具分类的,给动物分类的,给植物分类的,但是你有没有见过给垃圾分类的呢?实际上,垃圾分类对我们的生活有很大的影响。

垃圾分类

生活垃圾一般可分为四大类:可回收垃圾、厨余垃圾、有害垃圾和其他垃圾。

 据调查,城市人均年产生活垃圾约 440 千克,是人均粮食的 1.16 倍,我国 2/3 的城市处在垃圾包围之中,每一个垃圾场都成了强污染源。

▲ 废纸收购站将人们的生活废纸回收后再利用

可回收垃圾

我们在日常生活中会产生很多垃圾,但是有一些"垃圾"并不是完全没有任何用处,如:纸类、金属、塑料、玻璃等,我们可以通过回收利用,让它们重新为人们"服役",这样不仅可以减少污染,还能节省资源。

厨余垃圾

我们做饭时剔除的菜根、菜叶和吃饭后剩下的饭菜、骨头等食品类废物是在厨房里产生的,这些垃圾需要及时清倒,否则很容易产生酸臭难闻的气味。

 有害垃圾

有些垃圾具有很强的危害性,比如废电池、废日光灯管、废水银温度计、过期药品等,这些垃圾都含有某些有害的化学物质,如果处理不当,会对人类健康造成威胁。

▲ 废电池的危害如此严重,如果对此漠不关心,最终受伤害的只能是我们自己。

 其他垃圾

其他垃圾包括除上述几类垃圾之外的砖瓦、陶瓷、渣土、卫生间废纸等难以回收的废弃物。

▽ 房屋拆迁时会产生很多的建筑垃圾,那些拆下来的砖瓦、陶瓷、水泥等都属于很难回收的垃圾。

为什么要给垃圾分类

垃圾分类收集不仅可以减少垃圾处理量和处理设备，降低处理成本，减少土地资源的消耗，还能实现废物回收再利用。

将生活垃圾分类放进各个垃圾桶里能减少土壤污染。

 减少占地

生活垃圾中有些物质不易降解，使土地受到严重侵蚀。垃圾分类，去掉能回收的、不易降解的物质，能减少垃圾数量达 50% 以上。

环保随手做

日常生活中，我们要养成将垃圾分类的好习惯。把不同种类的垃圾分类投放，不仅有利于垃圾处理，也有利于回收再利用。环保小事，从身边做起，从垃圾分类做起！

▲ 填埋垃圾

 减少环境污染

废弃的电池含有金属汞、镉等有毒的物质，会对人类产生严重的危害；土壤中的废塑料会导致农作物减产；抛弃的废塑料被动物误食，导致动物死亡的事故时有发生。因此，对垃圾分类处理能有效地减少对环境的危害。

变废为宝的好机会

回收 150 万千克废纸，可免于砍伐用于生产 120 万千克纸的林木；1 000 千克易拉罐熔化后能铸成 1 000 千克很好的铝块，可少采 2 万千克铝矿石。生产垃圾中有 30% ~ 40% 可以回收利用，我们应珍惜这个变废为宝的好机会。

▶ 废弃的易拉罐摇身一变成了酒精燃烧装置器，变废为宝，合理利用了资源。

分类垃圾桶

为了便于进行垃圾分类，人们分别用红、黄、绿三种颜色的垃圾桶进行垃圾回收。红色垃圾桶最醒目，用于盛放有害垃圾；绿色垃圾桶代表着环保，用于盛放可回收垃圾；黄色垃圾桶则用于盛放其他垃圾。

▲ 将废弃的垃圾二分拣处理是有效解决垃圾污染的初步举措。

废物回收

我们已经知道，垃圾中蕴藏着各种有价值的资源，因此人们对垃圾要进行回收和合理的处理，这样既做到了环保，又能够确保资源不被浪费掉。

再生纸

纸是最常见的用品，我们的书籍、报刊以及一些包装材料等都是用纸制作的。因此人们对纸的需求量很大，需要砍伐大量树木来造纸，其实我们完全可以将废纸再利用。如果我们将废纸泡在水里，做成纸浆，将废纸中的纤维分离出来，就可以制造出新的纸张了。

▼ 废旧的书籍、报纸、酒瓶等都可以回收再利用。

环保随手做

看一看你身边有没有可以回收的废品。比如说，易拉罐、矿泉水瓶、旧报纸等，这些东西不仅可以回收再利用，还可以节省宝贵的自然资源呢！

回收金属

人类活动中会产生许多废弃的金属制品，虽然这件物品没有作用了，但是制造它的金属还是可以利用的，因此需要对废弃金属进行回收，这样不仅可以对金属进行再次利用，还可以减少浪费，而且重新开采和炼制金属也会对环境造成污染，可谓是一举多得的好事情。

⬛ 废品收购站里的各种废品

 废品收购站

日常生活中，如果你有积攒易拉罐、废纸箱等废品的习惯，那么对废品收购站一定不陌生。当这些废品积攒到足够多的时候，你会将它们拿到废品收购站卖了。顾名思义，废品收购站就是一个收购废品的站点。当然了，这种废品必须是有价值的，比如废金属、废玻璃等。

废物利用

说 一件东西是"废物"并不是说它真的没用。在某个地方用不上的东西，在另外一个地方说不准还能发挥大作用，所以垃圾有"放错地点的宝贝"之称。

废物利用

如果你有一件衣服完好无损，只是旧了便要扔掉，是不是觉得很可惜？其实旧衣服可以用来造纸，这就是废物利用，或者说是资源再生循环。

▲ 人们可以把旧衣服进行资源再利用，这样旧衣服就不会被当作垃圾处理掉了。

变废为宝

无论废气、废液还是废渣，都可在合适条件下转化为资源。例如城市垃圾中含有的大量有机物，经过分选和加工，可作为煤的辅助燃料；废矿渣经过提炼，还可以生产出有用的金属材料呢。

不要轻易丢弃垃圾

现代家庭制造的垃圾中，30%的垃圾是可以制成堆肥的。如果你有自己的小花园，就应该想到利用这些垃圾制造堆肥。

 垃圾有三种分类法，分别用不同颜色表示。

 如今，在繁华的街道两旁一般都会有垃圾筒摆放。我们要从小养成不随地丢垃圾的好习惯，让垃圾回到应该去的地方。

橘子皮的妙用

橘子皮晒干后可以和茶叶一样，能用来泡茶，味道清香，可以提神；煲粥时，放入几片橘子皮，就会使粥芳香爽口；橘子皮还可以用来泡酒，具有化痰、健胃、降低血压等功能。

易拉罐再利用

易拉罐的用处很多，有人用它盛放小物品，有人用它制作油灯，最简单的用处就是当杯子用。另外，易拉罐的拉环也有妙用呢！我们可以把那片薄薄的铁皮卷起来，然后钩在相框后面的小洞里，另一头就可以用来挂绳子了。

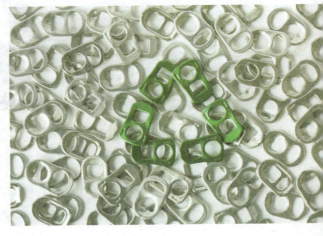

 易拉罐再利用，制作的各种各样的工艺品。

清洁能源

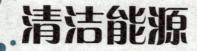

清洁能源是不排放污染物的能源，包括核能和太阳能、水能、风能等可再生能源。清洁能源不仅对环境的污染极少，而且可以持续利用。相信随着地球资源的日益减少，清洁能源将发挥越来越大的作用。

太阳能

太阳能是指太阳光的辐射能量，它是地球上最清洁、最丰富的能源之一。你知道吗？太阳每秒钟照射到地球上的能量相当于燃烧50亿万千克煤释放的热量呢。现在，人们已经能够把太阳能转化为电能，作为动力来驱动汽车、飞机等交通工具。

▲ 太阳能电池板

核能

核能是原子核裂变或聚变时释放出来的能量，所以也叫原子能。核能不仅是一种十分环保的能源，而且地球上蕴含的核能非常多，如果能够实现和平利用核聚变，人类就再也不愁能源问题了。

生物能

生物能是贮存在生物体中的太阳能。它的蕴藏量非常大，农林作物、城市固体废弃物、某些工业废料等都是生物能的能源。我国农村广泛使用的沼气，是一种典型的生物能。

 地热能

地热是地球内部存在的一种巨大的热量，它会以温泉、火山爆发等形式释放出来。我们常见的地热能是温泉和间歇泉，此外，地热能还可以用来发电。

▲ 图为冰岛的地热能发电厂。地热能是来自地表下的热能，大部分由地底熔岩产生。地热能制造的蒸汽可驱动涡轮产生电能，热水则经由输送管道送往每户人家。

 风能

地球表面空气流动所产生的动能，就是风能。据估算，全世界的风能总量约1300亿千瓦，这些能量足够人类用很多年。

▼ 风力发电是利用风能的主要方式。

保护土壤环境

土壤是植物的母亲，是绿色家园繁荣昌盛的物质基础。保护和利用好土地，就是保护了绿色家园，保护了人类自己。

 ### 树立保护意识

土壤是一个国家最重要的自然资源，它是农业发展的物质基础。没有土壤就没有农业，也就没有人们赖以生存的基本原料。在日常生活中，我们首先要树立起珍惜土地资源，保护土壤环境的意识。

今天，剩余的原始森林只占地球陆地面积的7%，而且以每年约730万公顷的速度在减少。

 ### 根本任务

如何使土地在利用过程中免遭或减轻水蚀、风蚀、盐碱化等自然地理过程的危害，以及防治乱垦、滥伐、过度放牧和污染等人为活动的破坏，是保护土地资源的根本任务。

8000年前，原始森林覆盖了地球几近一半的陆地。

现在世界上许多国家都设有植树节或者类似的节日，以此来提高国民的环境保护意识。

 自然保护区的建设

未遭人类很大破坏、仍保持着原生土地生态环境的地方，成为当今土地资源的天然"本底"，它为衡量人类活动对自然界的影响提供了评测的标准。

 保护农田

农田对我们的生活如此重要，但它也会因为一些原因被破坏。现在，人们已经开始采取科学的方法有计划的保护田地，维护人类赖以生存的基础。

环保随手做

土壤与我们的关系如此密切，我们要行动起来，做个保护土壤的小卫士。比如说，生活中尽量不用塑料袋，买菜用菜篮子、买米用米袋，减少白色污染；成立环保宣传小组，向周围的人宣传保护土壤的重要性。

 耕地进行全方位的保护农田

保护我们的地球
大地与土壤